绿色环保从我做起丛书

垃圾分类

高英杰 唐在林 主编

化学工业出版社

·北京·

《绿色环保从我做起丛书》用趣味漫画诠释科普知识，传达全新的科学学习理念，教会孩子用科学的方法探索知识，感知自然的奇趣、科学的奇妙，激发青少年的好奇心和想象力，养成科学的思维方法。

《垃圾分类》是《绿色环保从我做起丛书》的分册之一。本书通过生动有趣的漫画和深入浅出的文字，向读者介绍了垃圾分类对于绿色环保的重要意义、实用的生活垃圾分类法、科学利用可以变废为宝、要养成对随地废弃垃圾说"No"的好习惯、国外垃圾分类的经验分享等精彩内容。

《垃圾分类》旨在普及环境知识，倡导环保理念，适合所有对环保感兴趣的读者尤其是青少年阅读。

图书在版编目（CIP）数据

垃圾分类 / 高英杰，唐在林主编 .—北京：化学工业出版社，2015.9（2021.9 重印）
（绿色环保从我做起丛书）
ISBN 978-7-122-24782-7

Ⅰ.①垃… Ⅱ.①高…②唐… Ⅲ.①垃圾处理 — 青少年读物 Ⅵ.① X705-49

中国版本图书馆 CIP 数据核字（2015）第 176216 号

责任编辑：刘兴春　　　　　　　　　　　　　装帧设计：尹琳琳
责任校对：王素芹

出版发行：化学工业出版社（北京市东城区青年湖南街 13 号　邮政编码 100011）
印　　装：大厂聚鑫印刷有限责任公司
710mm×1000mm　1/16　印张 8　字数 170 千字　2021 年 9 月北京第 1 版第 13 次印刷

购书咨询：010-64518888　　　　　　　　　售后服务：010-64518899
网　　址：http://www.cip.com.cn
凡购买本书，如有缺损质量问题，本社销售中心负责调换。

定　　价：29.80 元

《垃圾分类》编写人员

主　　编：　高英杰　　唐在林

参编人员：　于骁真　　王经博　　白雅君　　孙锐谦
　　　　　　毕文倩　　孟晗旭　　贺子鹏　　徐金晓
　　　　　　徐晓霞　　郭亚琳　　曹健中　　曾强伟

前　言

　　垃圾分类，就是在源头将垃圾通过分类投放、分类收集，把有用物资，如纸张、塑料、橡胶、玻璃、瓶罐、金属以及废旧家用电器等从垃圾中分离出来重新回收、利用，变废为宝。垃圾分类既能提高垃圾资源利用水平，又可减少垃圾处置量，是实现垃圾减量化和资源化的重要途径和手段。

　　如何进行垃圾分类？垃圾分类后怎么处理？为了满足读者对垃圾分类的求知欲，帮助读者认识和了解垃圾分类，我们编写了这本《垃圾分类》。本书主要内容包括：从"垃圾知识"说起、实用的生活垃圾分类法、垃圾的资源化和综合利用技术、废旧物改造，小物件大变身；国外垃圾分类的经验分享。

　　《垃圾分类》通过生动有趣的漫画和深入浅出的文字，旨在普及环境知识，倡导环保理念，适合所有对环保感兴趣的读者尤其是青少年阅读。

　　在本书的编写过程中，编者认真搜集相关资料，同时参考了大量最新的文献，在此对其著作者一并致谢！

　　限于编者水平，加之编写时间仓促，本书不足和疏漏之处在所难免，恳请各位读者批评指正。

编　者

2015 年 8 月

目 录

第四章 废旧物改造，小物件大变身

第五章 国外垃圾分类的经验分享

第一章
从垃圾知识说起

1. 说一说，垃圾的污染现状

现在的垃圾污染太严重了！

是啊！你看小区里的垃圾堆，招来那么多老鼠和蚊虫！

目前，我国垃圾污染主要表现为以下几个方面。

（1）垃圾对水体造成污染

任意堆放或简易填埋的垃圾，其中所含水分和淋入堆放垃圾中的雨水产生渗滤液流入土壤，会造成地表水或地下水的严重污染。同时，还有很多生活垃圾被直接扔入河流、湖泊或海洋，引起了更加严重的污染。水面上漂浮着塑料瓶、快餐饭盒、塑料袋、泡沫板等，严重影响了水环境，而且如果水中的动物误食了这些白色垃圾，不仅会伤及健康，严重者甚至会死亡。

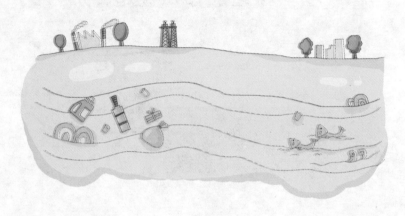

（2）垃圾对大气造成污染

垃圾露天堆放的地方，臭气冲天，老鼠成灾，蚊蝇滋生，还有大量的氨、硫化物等有害气体向大气释放。

（3）垃圾对土壤造成污染

在自然界中，塑料、金属和玻璃都是微生物难以分解的东西，如果把含有这些东西的垃圾不加处理地堆放到地表，其缓慢分解出的物质会污染附近的土壤和地下水源。更有甚者，这些包含有害物质的生活垃圾常常未经专业化处理或未经严格处理就被作为肥料直接用于农田。这些生活垃圾直接破坏了土壤的团粒结构和理化性质，致使土壤保水、保肥能力大大降低。

（4）垃圾影响身体健康

垃圾中有许多致病微生物，而且垃圾本身也能为老鼠、鸟类及蚊蝇提供食物及栖息和繁殖的场所，因此，往往是蚊、蝇、蟑螂和老鼠等有害生物的孳生地和巢穴。这些蚊、蝇、蟑螂和老鼠等到处流窜，严重影响居民的身体健康。

（5）垃圾爆炸事故不断

随着生活垃圾中有机物含量的提高和由露天分散堆放变为集中堆存，对这些垃圾只采用简单覆盖的处理方式容易形成产生甲烷气体的厌氧环境，极易引发爆炸事故。

（6）旅游景点垃圾污染

"白色垃圾"成灾。随着经济的发展、科学的技术的进步和人们生活水平的提高，塑料制品的用量与日俱增。在垃圾的天然堆放场，因为没有任何防护措施，加上塑料质量轻，所以在垃圾堆放场周围白色塑料袋到处飞扬。

2. 家庭生活垃圾是如何产生的

地球为我们提供了美丽的生活环境，但随着社会经济的发展和城市人口的高度集中，生活垃圾的产量也逐渐增加，造成了严重的环境污染问题。我们美丽的家园正在被垃圾所包围。

可以说，有人生活的地方就有垃圾的产生，生活垃圾是人们在维系自身生存的过程中制造的废弃物。我国是"人口大国"，也意味着是个"垃圾大国"。

想知道家庭生活垃圾是如何产生的吗？

这个简单，一起回顾一下咱们一天的生活片段吧！

原来我家一天生产了
这么多垃圾啊！

可不是吗，我们每个
人每天都在不断地生产、
制造垃圾！

3. 垃圾的生命力居然如此地旺盛

垃圾作为人类活动的产物，它的泛滥已经成为污染环境的一种公害，是近代工业社会，特别是城市化的结果。垃圾多了，其成分也变得复杂，垃圾里可造成污染的物品也就慢慢多了。像旧电器这样的垃圾都没法被生物分解，会长期存留在自然界中。

我听广播里说，垃圾的生命力相当旺盛，是真的吗？

当然是真的，看看下面的数据你就知道了！

★塑胶制品：多年不能分解。

★皮革：50年以上。

★塑料袋：20～30年。

★铝罐：500年。

★尼龙织品：30～40年。

★玻璃罐：1000年。

★锡罐：50年。

实在是太可怕了！

是啊，有的垃圾比我们人类的寿命还要长！！！

4. 为什么说垃圾是放错了位置的资源

垃圾不处理或处理不当会污染环境，环境治理起来要耗费巨资。如果要把垃圾填埋或者焚烧，场地建设和污染处理也要花费不少钱。但如果变处理为回收的话，垃圾经过一些无害化处理后，不仅可以减量，而且会成为一种新的资源。这是因为垃圾中蕴藏着丰富的可回收再利用物质，如果对它们加以合理开发利用，就能变废为宝。

好多书上都说垃圾是放错了位置的资源，这是怎么回事啊？

垃圾用好了就是资源！

回收 1 吨废纸，可重新制造出好纸 800 千克，节省木材 300 千克，相当于于少砍 17 棵树；处理回收 100 万吨废纸，即可避免砍伐 600 平方千米以上的森林。

回收 1 吨废玻璃，可再造 2500 个普通 1 斤装酒瓶，节电 400 千瓦时，并能减少空气污染。

回收 1 吨废塑料，可回炼 600 千克无铅汽油和柴油；也可制造 800 千克塑料粒子，节约增塑剂 200～300 千克，节电 5000 千瓦时。

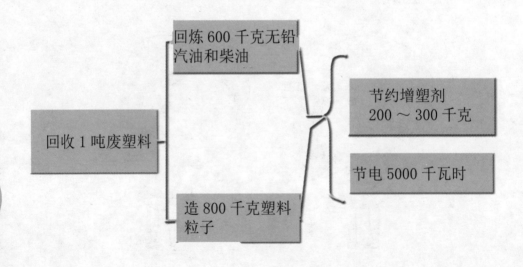

回收 1 吨废钢铁可炼好钢 900 千克；废旧易拉罐可无数次循环再利用，每次循环可节能 95% 左右。

1 吨厨余垃圾经生物处理后可生产 0.3 吨优质肥料。

看来垃圾回收的重要性不容忽视啊！

没错，希望每个人都能合理对待垃圾。

5. 如何做好垃圾分类工作

成分

属性

垃圾分类

利用价值

对环境的影响

不同处置方式

垃圾分类是指按照垃圾的不同成分、属性、利用价值以及对环境的影响，并根据不同处置方式的要求，分成属性不同的若干种类。

目前，每年新产生的垃圾量逐年增加，能堆放垃圾的特殊用地已经越来越难找到，垃圾填埋时，其中分解出来的化学物质可能泄露，污染地下水和土壤，如果利用焚烧的方式处理垃圾又会产生新的污染。

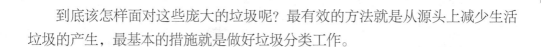

到底该怎样面对这些庞大的垃圾呢？最有效的方法就是从源头上减少生活垃圾的产生，最基本的措施就是做好垃圾分类工作。

通过将生活垃圾分类投放、分类收集，把有用物资，如纸张、塑料、橡胶、玻璃、金属以及废旧家电等，从垃圾中分离出来，重新回收、利用，变废为宝，真正实现垃圾的资源化处理。

经过分类收集的生活垃圾便于进行分类处置。例如，将厨余垃圾中的垃圾干湿分类，可以充分提高其他垃圾的焚烧热值，降低生活垃圾焚烧处置过程中的二次污染控制难度。

还可将玻璃瓶、塑料瓶、易拉罐等单独收集处理，虽然现在这些物品卖废品没有多少价值，但是对整体的垃圾回收来讲还是有非常大的帮助的。

此外，生活中还有很多垃圾可以循环再利用，如破旧的布料可以裁剪成包包使用，易拉罐可以用作烟灰缸，废饮料瓶改做花瓶等。

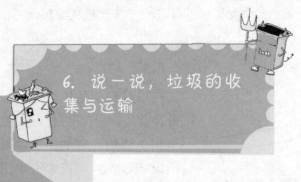

6. 说一说，垃圾的收集与运输

垃圾的收集是指把各居民家中产生的垃圾通过各种收集方式集装到垃圾收集车上的过程。居民生活垃圾收集过程是由环卫工人每天在一定时间内上门收集，经环卫收集小车送到垃圾中转站，或是居民将自家装有垃圾的垃圾袋投入指定地点，由环卫工人集中收集或直接送至指定的垃圾房（或

中转站），再往垃圾处理部门转运。垃圾袋可由居民自备或由环卫部门无偿提供（或只收成本价）；也可由环卫部门无偿提供垃圾收集小容器，居民定时将收集小容器送到固定地点，换回另一空置小容器，轮换使用，再由垃圾车将盛满垃圾的小容器收集运走。

垃圾的运输

垃圾的运输是指收集车辆把收集到的垃圾运至终点、卸料和返回的全过程。垃圾的收集和运输是整个收运管理系统中最为复杂、耗资最大的操作过程，对整个垃圾的管理有重要的影响。垃圾收运效率和费用的高低主要取决于垃圾收集方法、收运车辆数量、装载员及机械化装卸程度、收运次数、收运时间、劳动定员和收运路线等。

7. 了解生活垃圾的收集方法

　　生活垃圾的收集是垃圾分类处理的第一个环节，根据整洁、卫生、经济、方便、协调的原则，国内外采用的垃圾收集方法也有很多种。

　　我们应从垃圾源头着手，选择正确的垃圾收集方法，积极参与分类收集与处理，这样随着生活垃圾产生总量的不断降低，垃圾中不可回收利用的物质的量也会越来越少，其对环境的危害性也就会越来越小。

收集生活垃圾，有哪些方法呢?

有很多种。

（1）根据收集时垃圾的包装方式，可分为散装收集和袋装收集；

（2）根据收集时垃圾是否已分类，可分为混合收集和分类收集；

（3）根据收集过程中垃圾储存容器是否随垃圾一起运往中转站或处置场，可分为固定容器收集法和移动容器收集法；

（4）根据收集的场所，可分为上门收集和定点收集；

（5）根据收集的时间，可分为定时收集和随时收集。

某个城市具体使用哪种收集方法，应综合考虑下图的这些因素：

不同的生活垃圾收集方法在与相应的清运和处理方法相匹配的基础上，既可以单独使用，又可以组合使用。

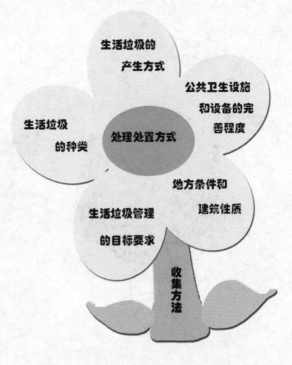

生活垃圾的产生方式

公共卫生设施和设备的完善程度

生活垃圾的种类

处理处置方式

地方条件和建筑性质

生活垃圾管理的目标要求

收集方法

8. 生活垃圾收集系统的物流方式

这张图清楚地展示了生活垃圾收集的过程, 希望收集到你家垃圾时一定要好好配合哦!

生活垃圾收集系统的物流方式如下图所示。

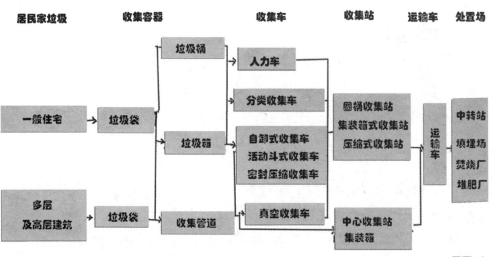

居民家垃圾	收集容器	收集车	收集站	运输车	处置场
	垃圾桶	人力车			
一般住宅 → 垃圾袋		分类收集车	圆桶收集站 集装箱式收集站 压缩式收集站	运输车	中转站 填埋场 焚烧厂 堆肥厂
	垃圾箱	自卸式收集车 活动斗式收集车 密封压缩收集车			
多层及高层建筑 → 垃圾袋	收集管道	真空收集车	中心收集站 集装箱		

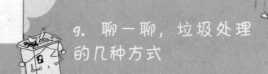

9. 聊一聊，垃圾处理的几种方式

垃圾处理目前有三种方式：堆肥、填埋和焚烧。

堆肥处理法是将垃圾中的有机可腐物，主要是厨余垃圾，如食物、菜叶、花草等，堆置起来，让它们在细菌等微生物的作用下慢慢发酵腐烂，成为农田肥料。这种方法可以充分利用垃圾又不破坏土壤，受到许多国家的重视，但是它只能解决一部分垃圾，对塑料、玻璃这些还是无能为力。

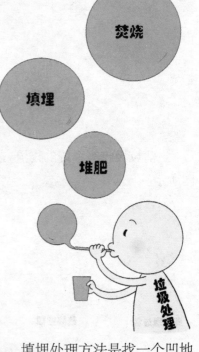

填埋处理方法是找一个凹地，如山谷或沼泽，将垃圾埋进去，再盖上土的一种方法。这种方法由于成本低，在世界各国都得到普遍应用。

焚烧处理法是在焚烧炉中，通过高温燃烧，将可燃烧的垃圾消灭的方法。这种方法，使得体积庞大的垃圾迅速减少，剩下来的废渣再拿去填埋。建造焚化厂要投入大量的资金，但它是目前处理垃圾比较有前途的一种方法。

第二章
实用的生活垃圾分类法

1. 生活垃圾分类方法大揭秘

生活垃圾一般可分为四大类：可回收垃圾、厨余垃圾、有害垃圾和其他垃圾。

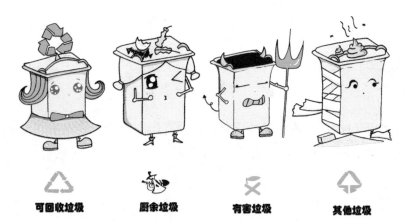

可回收垃圾　　厨余垃圾　　有害垃圾　　其他垃圾

可回收的垃圾主要包括纸类、玻璃、塑料、金属和织物五大类。

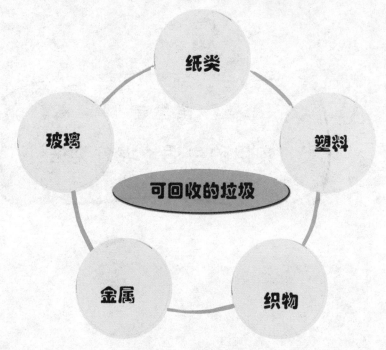

纸类

塑料

玻璃

可回收的垃圾

金属

织物

厨余垃圾包括剩菜剩饭、骨头、菜根菜叶等食品类废物，经生物技术就地处理堆肥，每吨可生产0.3吨有机肥料。

有害垃圾包括废旧电池、废旧灯管、废水银温度计、家电用品、过期药品等，这些垃圾需要特殊安全处理。

其他垃圾包括除上述几类垃圾之外的砖瓦陶瓷、渣土、卫生间废纸等难以回收的废弃物，采取卫生填埋可有效减少对地下水、地表水、土壤及空气的污染。

干垃圾：也称无机垃圾，主要指废弃的纸张、塑料、玻璃、金属、织物等，还包括报废车辆、家电家具、装修废弃物等大型垃圾。

湿垃圾：也称有机垃圾，是指在自然条件下容易分解的垃圾，主要是厨余垃圾，如果皮、剩饭剩菜等。

2. 可回收物——纸类

这里的纸类指未严重玷污的文字用纸、包装用纸和其他纸制品等。如报纸、各种包装纸、办公用纸、过期杂志、图书，还有各种纸质包装盒，这些都是可以回收再利用的。

日报

它们的原料大多是木材、草、芦苇、竹等植物纤维，可以按照纤维成分的不同，对其进行相应的加工，以便再循环利用。

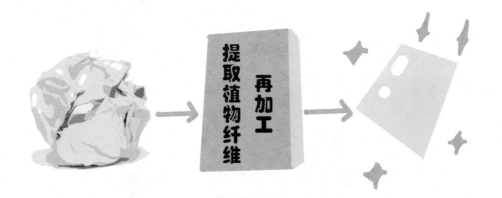

不过，需要特别注意的是，纸巾和卫生用纸因为水溶性太强，是不可回收的。

3. 可回收物——玻璃

玻璃是可回收垃圾，日常生活中的玻璃用品主要有各种玻璃瓶、玻璃碗、镜子、玻璃灯泡等。

玻璃器皿工业会把这些被粉碎的玻璃重新加工，在精细挑选的基础上去除杂质，加上沙子、石灰石和碱等原料，可将这些碎玻璃变成制造新玻璃制品的原料，重新制成精美实用的玻璃装饰品或玻璃容器。

实验表明，回收加工玻璃制品对保护环境和资源都有好处，不仅能节省玻璃制作的原材料，而且可以节省煤炭和电力等能源。

通过高科技的制作工艺，回收再利用后的玻璃原料又被工人师傅变成各种漂亮的花瓶、实用美观的茶杯、碗碟和玻璃瓶，回到我们的生活中，供我们使用或欣赏。

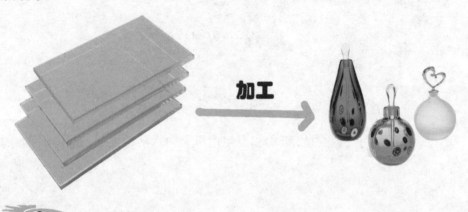

加工

但是，很多人在实际生活中并不知道玻璃是可回收垃圾，因为大多收废品的人不再收取玻璃瓶，更是加深了人们"玻璃瓶没有再利用价值"的印象。

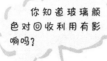

你知道玻璃颜色对回收利用有影响吗？

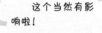

这个当然有影响啦！

因为带色玻璃在制造无色火石玻璃时是不能使用的，而生产琥珀色玻璃时只允许加入10%的绿色或火石玻璃，因此，消费后的碎玻璃必须用人工或机器进行颜色挑选。碎玻璃如果不进行颜色挑选直接使用，则只能用来生产浅绿色玻璃容器。

你不知道，买菜拿回来的塑料袋还能当垃圾袋使用呢！

你怎么不带菜篮子啊？

我国自从 2008 年 6 月 1 日开始，实施"限塑令"。明确规定商场、超市和集贸市场不得提供免费塑料购物袋，并禁止使用厚度小于 0.025 毫米的塑料购物袋。

"限塑令"实施之初,取得了明显的成效。可是过了几年,国家明令禁止的超薄塑料袋在市场上又随处可见,免费塑料袋再次出现,超市中免费的连卷塑料袋用量大增,批发市场更注重卖塑料袋而非"限塑"。

下面就来说说塑料。

目前,我们生活中使用较多的塑料制品有塑料包装、购物用的塑料袋、一次性聚苯乙烯塑料餐具餐盒、电器包装发泡填塞物、一次性塑料桌布等。

例如,我们常吃的方便面包装碗,每天用的塑料拖鞋,喝的矿泉水瓶子和其他饮料瓶,甚至酱油瓶,都是用塑料加工制成的。虽然有的塑料物品外表看起来坚硬,但它们的材质就是塑料。

在日常生活中，我们消耗得最多的要数塑料袋和矿泉水瓶了。在某些旅游景点，经常会发现被随意丢弃的饮料瓶和迎风飞舞的塑料袋，不仅影响了景点形象，还会带来环境污染问题。

再一个就是在火车站候车室，方便面包装碗和各种食品包装袋、饮料瓶乱七八糟地堆满了垃圾桶。这些垃圾如果不及时清理，分解出的有毒有害物质将会危害人们的身体健康。

塑料垃圾的降解时间漫长，焚烧处理塑料垃圾可能会释放出多种有害的化学物质，其中，二噁英的毒性比较大。它不仅会导致鸟和鱼类畸形和死亡，还会使人消瘦、肝功能代谢紊乱、神经损伤、诱发癌症等。

同时，一般的塑料瓶中都含有增塑剂，这种化学成分对人体是有害的，随着时间的推移，增塑剂会慢慢地从塑料制品中溶出，进入空气、土壤、水源乃至食物中。此外，增塑剂也可直接通过人体皮肤吸收而进入人体。用塑料瓶装油，增塑剂也很容易被溶解。

因此，对于塑料制品垃圾，我们一定要及时处置，尽早把它们送到工厂进行再生产，以促进塑料的循环利用。

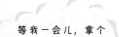
等我一会儿，拿个菜篮子再走！

你早该这么做了！

5. 可回收物——金属

可回收的金属类生活垃圾是指利用金属材料做成的易拉罐、罐头盒，金属材质的厨房用具，含有金属部件的电子产品等。

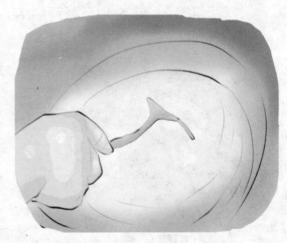

比如肉罐头盒、鱼罐头盒、啤酒罐等，都是用金属材料制成的，它们的区别仅在于金属材质不同而已。

另外，还有各种废铜烂铁、废钢，报废的汽车零部件等，人们可以借助金属回收工艺对它们进行重新利用。

我们知道，金属材料都是从金属矿产资源中提炼出来的，而地球上的矿产资源都是不可再生的，总会有枯竭的一天，因此人们应当充分利用废旧金属，让它们别消失得太快。

目前，我国每年都有大量的废金属产生，如果随意丢弃这些废弃物，不仅会造成极大的资源浪费，也会造成严重的环境污染，而合理回收利用则可以节约大量的能源和矿产能源。

前面我们提到过：回收 1 吨废钢铁可炼好钢 900 千克；废旧易拉罐可无数次循环再利用，每次循环可节能 95% 左右。

没想到废旧金属作用这么大，以后可不能随意丢弃了！

是啊，我们一起努力吧！

6. 可回收物——织物

纺织品与我们日常生活紧密相连，生活中的纺织品垃圾主要来自废弃的衣物、床单被罩、窗帘、靠垫、装饰品等，这类生活垃圾数量庞大。

衣物

床单被罩

窗帘

纺织品垃圾

靠垫

装饰品

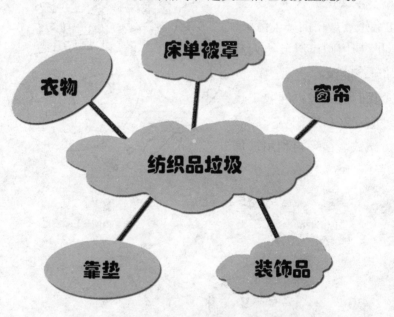

对纺织品垃圾的回收，主要是指对废旧纺织用品的回收与利用。

根据纺织品面料的不同可以将其分为：棉布料、麻布料、丝质布料、全毛布料、化纤布料、针织布料、印染布料、复合面料等，它们都有各自不同的回收价值。

例如，我们可以把穿旧了的衣服改制成环保布袋、家庭小饰物，把穿旧的牛仔裤改造成裤裙等。

看，我身上的短裤就是昨天用旧裤子剪的！！！

样式不错啊！我也回家翻翻我的旧衣服。

纺织品垃圾有的可以作为很好的造纸原料被送到造纸厂，为我们生产出纸张；还有的则可以作为化工原料，为我们生产出新的物品，例如，涤纶和尼龙纺织品就可以制成再生塑料颗粒，生产出再生塑料制品。

干电池用完后，内部的化学物质也发生了变化，其中有一部分化学物质用牙咬的时候起到了一种搅拌作用，促使干电池内的化学物质继续反应，暂时使干电池产生电。

但是，如果过度挤压、啃咬干电池，可能会造成包裹干电池的锌皮破裂，唾液进入电池内部，使干电池尤其是劣质干电池发生短路并引发爆炸，存在安全隐患。

另外，如果不慎吞食干电池内的化学液体，也会对身体健康产生一定的影响。

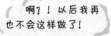
啊？！以后我再也不会这样做了！

以后千万记住了！下面就来说一说电池。

锌锰电池

在我们实际生活中应用最为广泛的就是普通干电池（锌锰电池）。

目前，我国正规电池生产企业生产的电池已基本实现无汞化。普通干电池中所含的其他对环境有影响的重金属元素的含量也相对较少。此外，电池包壳在不发生自身侵蚀的条件下，同样起到隔离电池内部化学物质同外界环境的作用。

这类电池如果集中堆放，外壳破损的概率提高，污染物的释放量反而更大，对环境的危害性也就较为严重。

因而我国早在 2003 年国家环境保护总局（现环境保护部）、国家发展和改革委员会、建设部（现住建部）、科技部、商务部等 5 个部委局联合下发的《废电池污染防治技术政策》中就明确表示，不鼓励集中收集已达到国家低汞或无汞要求的废一次性电池。

因此，这些普通的锌锰电池是能够作为普通的生活垃圾进行填埋处理的。

除此之外，我们生活用到的可充电电池、纽扣电池、锂电池及电瓶车使用的铅酸蓄电池等还是需要作为有害垃圾单独投放处理。

8. 有害垃圾——废旧灯管

家里的灯管又坏了！

那你可得处理好了，不然会造成很大的污染。

你知道吗？一支小小的节能灯管平均含有0.5毫克的汞，而1毫克的汞渗入地下就会造成大约360吨水的污染。

因为汞的沸点特别低，在常温下就能蒸发，废弃的节能灯管破碎后会立即向周围散发汞蒸气，瞬间可以让周围空气中的汞浓度达到每立方米 0.5 ~ 1 毫克。同时，汞还会随着空气进行流动，一旦吸入人体的汞超过某一阈值，就会破坏人的中枢神经系统，对身体造成极大的危害。

据统计，我国每年产生的废旧汞灯和荧光灯管达到 10 万多吨。由于这些固体废料中的金属汞难以进行有效的回收和处理，造成了对地表水和土壤的严重侵蚀，对人体危害极大，目前已经成为突出的环境问题。

那有没有好的处理废旧灯管的方法呢？

目前，我国已经有技术能够对这些废旧灯管进行处置。

通过对破碎的废旧灯管进行两道工序的脱汞和两级漂洗后，金属汞和硫酸汞将得以全部回收利用，清洗后的废旧玻璃也可以回收利用。酸洗和漂洗废水经过处理后循环利用，实现了零排放。生产车间对汞蒸气也采取全程密封处理，确保没有汞蒸气泄漏。

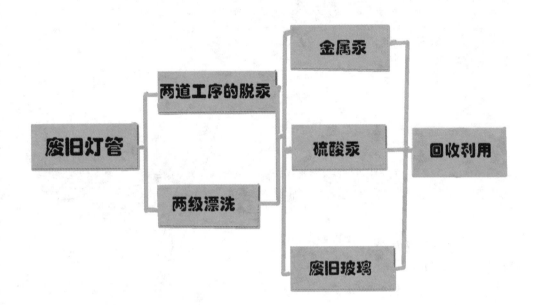

当然，个别地方也采取了其他不同方式进行处理，但是废旧灯管回收还是比较困难，达不到一定的量。希望随着时间的推移，能有更好的解决方法。

9. 有害垃圾——含汞（水银）废弃物

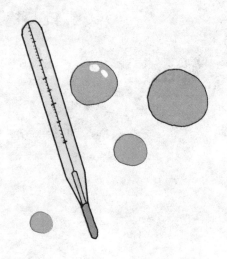

　　生活中含汞的废弃物是有害垃圾。汞，也称水银，它是在常温下唯一的液态金属。水银在科学仪器中应用得比较多，常见的温度计、电学仪器等里面往往都会用到它。

　　汞的性质比较活泼，在常温下容易蒸发，汞及其化合物可通过呼吸道、皮肤或消化道等不同途径侵入人体，更重要的是汞的毒性是累积性的，人体需要长时间的积累才会表现出中毒症状。

糟糕！温度计被我摔坏了！

快打开窗户，找些硫黄粉来清理。

提醒大家：

如果发现温度计破碎，应该立即打开窗户，保持室内空气流通，同时，对已经流出来的水银，可以撒些硫黄粉清理，因为硫黄和汞结合会生成无毒的硫化汞，人吸入这种物质不会影响身体健康。采取这种措施后，液体汞也不至于大量挥发到空气中，对人体造成伤害。

对于废水银，我们应该找一个容器将其密封，最好再添加一部分水，因为水银的密度低于水，沉在水下的水银无法挥发，也就无法对人体产生毒性了。

回收废水银时，应该由专业人士戴上汞专用防毒口罩操作，同时，废水银的提纯要采用高温密闭容器加压蒸馏作业过滤，普通人士不能轻易自己处理。

10. 有害垃圾——废电器

随着人们生活水平的不断提高，有很多淘汰下来的废旧家电用品或者超过规定使用年限的家电用品都成为垃圾，这些垃圾应该如何处置呢？

因为家电的制作材料成分比较复杂，有些家电材料还含有有毒的化学物质，如不少电器及电子产品的电池和线路板上含有铅、汞、锌等重金属。例如，电视和电脑的荧光屏中就含有汞。如果直接掩埋，会对地下水和土壤造成污染；如果直接焚烧，又会产生容易让人中毒的气体，更有甚者可能会诱发癌症、神经系统紊乱等疾病。

实际上，废电器中有很大一部分经过修理或者重新组装还可以用，直接把它们都作为废品处理还是挺可惜的。目前，可以做的就是通过加大回收力度、加强环保意识、搞活家电二手交易市场等方法来实现废家电的回收利用。

我国在2010年发布和正式实施了《废弃电器电子产品处理污染控制技术规范》，并于2011年实施《废弃电器电子产品回收处理管理条例》，这些规范和条例的颁布实施，对促进我国废弃家电回收事业的发展有着巨大的推动作用。

《废弃电器电子产品回收处理管理条例》

我好像感冒了，快帮我找找感冒药！

你这个药好像过期了哎~~~~

我们知道，药品通常都是有保质期的，只有生病了，我们才去翻找药品，而这时很多久置药品的药理作用已经发生了改变。

有些专家指出，过期药品可能成为致命的毒药，储存不好还会发生霉变。例如，中药中的蜜丸，放置时间过长就会霉变。

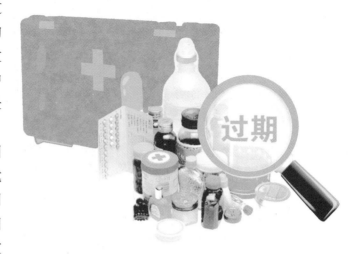

还有曾经轰动全国的"梅花K"事件，就是在产品中添加了过期的四环素，其含有的四环素降解产物远远超过国家允许的安全范围，服用后临床上表现为多发性肾小管功能障碍综合征，从而引起肾小管性酸中毒，导致乏力、恶心、呕吐等症状。

不仅如此，过期药品还会对空气、土壤和水等环境造成污染，从而影响人们的身体健康。例如，曾经发生在厦门市集美区后溪镇新村的事故，村民70余人出现不同程度的头晕、乏力、胸闷、呕吐、腹痛、腹泻等症状，经查证正是焚烧过期药品对空气、农田、水系的污染所引起的。

我国对于过期药品的处理有明确的规定：一般要高温焚烧，经过层层过滤，最后产生的气体还必须符合国家的环保要求才能排放。

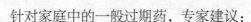

针对家庭中的一般过期药，专家建议：

（1）口服片剂、固体片剂、胶囊等可以用水溶解后冲到下水道或丢到垃圾桶里；

（2）液体药物，如眼药水、外用药水、口服液等，要把里面的液体分别倒入下水道冲走，不要随意混杂；

（3）眼药膏等膏状药物，要挤出收集在信封内，封好后再丢弃；

（4）喷雾剂之类的药物需放在户外空气流通较好的地方，避免接触明火；

（5）抗癌类或治疗血液科疾病的药物，最好交由医院处理，不要自己处理。

看来处理过期药品真的要谨慎，咱们一起去把这些过期药品处理掉吧！

好，我来帮你！

12. 有害垃圾——过期化妆品

现在的化妆品种类繁多，有洁肤的，有美白的，有祛痘、祛斑的，实物还呈现不同的剂型，有乳液、膏、霜、粉等。很多女生频繁更换化妆品，导致过期化妆品的出现。化妆品直接接触我们的皮肤，如果处理不当，就会影响我们的身心健康。

下面就来说说过期化妆品的危害。

（1）滋生细菌

例如，使用过期的睫毛膏会诱发眼部发生感染，并且会伴随发红、发痒、肿胀等症状，而过期的唇膏则会使我们的嘴唇发干、起水疱，严重者甚至会引发口腔疾病。

（2）养护功能丧失，有害无益

目前，防晒霜已经成为很多女生"居家旅行"必备之品。它能有效抑制黑色素产生，并能阻止阳光中紫外线对于皮肤的损害，防止晒伤、晒黑。那么防晒霜的保质期又是多久呢？恐怕很多女生都答不上来。有很多人一瓶防晒霜用了两三年还没用完，却舍不得扔。

实际上，像防晒霜这类的化妆品因频繁打开，过多接触空气后会发生氧化，从而使得防晒霜的防晒功能降低。所以建议女生，防晒霜尽量做到当年用完，购买这类化妆品时尽量购买小包装哦。

（3）造成皮肤过敏

粉底是化妆品中与我们面部肌肤接触面积比较大的，一旦使用过期的粉底，容易诱发皮肤的过敏反应，同时也会给皮肤带来未知的损害。

（4）化妆工具滋生的细菌也会影响健康

女生经常容易忽视睫毛棒、化妆刷、化妆棉这些化妆用品的清洁、消毒工作，殊不知这些物品确是细菌滋长的天堂。如不定期清洗并更换这些化妆工具，严重者甚至会导致皮肤出现疱疹、脓包和癣等症状，对皮肤的危害比较明显。

对于过期化妆品的处置也应谨慎对待，如果随意处置它们，会给环境带来负面的影响。因为大多数化妆品也都是由复杂多样的化学成分制成的，如果不加控制地把它们当作普通生活垃圾来处置，水、土壤和空气也同样会被污染。

13. 如何走出垃圾分类的误区

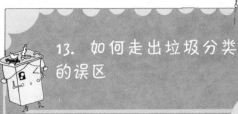

垃圾分类存在哪些误区呢？

让我们一起看看吧！

误区 1：大棒骨是厨余垃圾

　　事实上，大棒骨因为"难腐化"被列入"其他垃圾"。类似的还有玉米核、坚果壳、果核等。鸡骨则是厨余垃圾。

误区 2：厕纸、卫生纸，不可回收

厕纸、卫生纸遇水即溶，不算可回收的"纸张"，类似的还有陶器、烟盒等。

误区 3：餐厨垃圾装袋后扔进桶

常用的塑料袋，即使是可以降解的，也远比餐厨垃圾更难腐化。此外，塑料袋本身是可回收垃圾。正确做法应该是将厨余垃圾倒入垃圾桶，塑料袋则另扔进"可回收垃圾"桶。

误区 4：花生壳算其他垃圾

花生壳属于厨余垃圾，家里用剩的废弃食用油，目前也归类于"厨余垃圾"。

误区 5：尘土不属于其他垃圾

在垃圾分类中，尘土属于"其他垃圾"，但残枝落叶属于"厨余垃圾"，包括家里开败的鲜花等。

第三章
垃圾的资源化和综合利用技术

1. 废纸如何实现再生循环

　　过去，人们处理废纸垃圾的方式总是习惯性地把它们堆积起来焚烧，将剩下的灰烬埋到土里。少部分的废纸在堆放后经过雨水的冲刷、浸泡，让大自然将其"融化"。正是因为废纸易于处理，处理后也没有留下明显有害环境的物质，因此很长时间以来没有引起人们的重视。

实际上，废纸是可以实现循环再利用的。把废纸变成再生纸浆，我们的生活便会发生很大的变化，最主要的就是纸类垃圾的减少。

下面一起来看看废纸是如何实现再生循环的吧！

（1）分选归类：将各种不同纸质的纸分类选择。

（2）打成纸浆：在碎浆机中将废纸打碎碾成纸浆，搅拌过程中除去塑料带、细绳等杂志。

（3）除垢：在除垢机中将沉淀在纸浆底层的铁丝、砂等杂质除去。

（4）筛除：在筛网机中将更细小的杂质除去。

（5）浮选：用洗涤剂、化学药剂在浮选机中除去浮在纸浆上层的油墨。

（6）洗涤：在洗涤机中将纸浆最后洗干净。

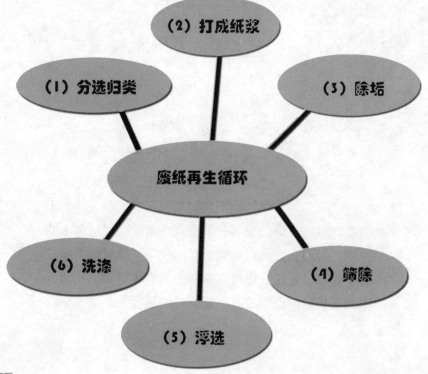

　　废纸在生产的过程中经过反复处理，纸纤维会变短、变硬，所得的再生纸浆质量便不如新生纸浆，因此，它们通常用来制成新闻纸、瓦楞纸、卫生纸、餐巾纸。

　　由于人们观念上的一些问题，总觉得用再生纸浆生产出来的纸不如用 100% 新生纸浆的纸好，尤其是对卫生纸、餐巾纸，更不愿意购买再生的。

　　事实上，经过各种处理，将新生纸浆与再生纸浆按比例混合后，制成的两种卫生纸并没有多少差别。

随着人们环保意识的加强，相信会有更多人乐意并坚持使用再生纸。

是的，我也希望这样。

2. 废旧塑料的循环再利用

我国从 20 世纪 60 年代开始，就研究起废旧塑料的再生利用技术，现在取得了很多经验。

再生利用的加工过程大致是这样的：

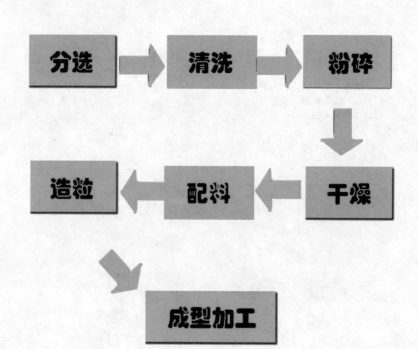

分选 ➡️ 清洗 ➡️ 粉碎

造粒 ⬅️ 配料 ⬅️ 干燥

成型加工

　　收集来的废旧塑料送到再生工厂后，第一步就是要对它们进行分选。分选工作有手工和机械两种，目的是将不同品种的塑料区分开，同时把混杂在塑料当中的金属、橡胶、织物、泥沙等杂质除去。

　　分选工作相当麻烦，人工分选耗时费力，而机械分选则需要专门的分选机和相应的设备。机选是把塑料切成碎块，用磁选机除去塑料中的金属碎屑（磁选）；或将塑料放入盛满某种溶液的池中，靠塑料在溶液中的沉浮来确定种类（密度分选）；或把塑料碎块通上高压电，不同种类的塑料就分别集中在电极的两端（静电分选）等。

　　下一步是将分选好的塑料进行清洗。不同用途的制品有着不同的清洗方法，以塑料薄膜为例，先用温碱水洗去上面的油污，如果有农药等化学制剂，那么还需要用石灰水冲洗，将黏附的有毒物质去掉，最后在清水中漂洗干净后晾干。

再就是造粒。将洗净的塑料投入粉碎机中粉碎，并依据不同的需要加入一些配料，调节均匀后做成塑料颗粒，最后就可用各种加工方法进行成型加工了。

回收站

再生造粒

废旧塑料

再生颗粒

再生制品

包装出售

采用熔融后再生利用的方式，熔化的品种越单一，再生出来的制品质量就越好，可制成农用薄膜、包装薄膜、日用品等。

但是，与其他废弃物相比，废弃塑料再生利用遇到的困难相对多一些。例如，有些塑料种类不能再生、再生制品质量较差、只能再生一次、再生成本偏高等。

3. 包装材料的回收再利用

　　废旧的包装材料可以直接回收再做包装使用，可不加任何的物理与化学的变性与变形处理，而是利用其原有的结构、形状、功能直接用于原来的包装产品或其他相关产品的包装。

　　再包装的直接回收利用技术与工艺路线：分类→挑选→初次水洗→酸洗→碱洗→消毒→二次水洗→硫酸氢钠浸泡→再次水洗→蒸馏水洗→50℃烘干＋低温烘干→待用。

　　该技术与工艺比较适合于一些硬质、光滑、干净、易清洗的较大容器，如托盘、周转盘、大包装盒及盛装液体的桶等。经过技术处理，卫生检测合格后，这些容器便可以重新使用。

日常生活中，我们常用的可采用再包装直接回收技术的有食用油、饮料、工业用油、桶装各种食用饮水、食品及超市售货、建筑材料及饲料的包装等。

包装回收利用后的再包装利用，应该注意以下几点。

（1）塑料包装回收前的物品应与回收后的包装利用所包装物品相同。

（2）回收前用于包装农药行业的塑料包装，回收利用后也应该用于农药包装，不能混用。

（3）对某些回收利用的塑料包装，一定要在搞清相关信息的前提下才能利用。

（4）对直接回收利用的，应该有严格的处理规程，坚持严格分类、消毒和检验等。

以后废旧的包装可不敢乱扔了！

嗯，扔的话，最好标清原来的用途。

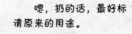

随着人们生活水平的提高，衣服和家用纺织品等的消费量不断增加。我国每年消耗的纺织纤维量十分惊人，大部分纺织品几年后就会变成废旧纺织品。不过，据统计，99%的纺织品都可以回收利用。

废旧纤维资源大变身

传统回收利用废旧纺织品的方法主要有焚烧和掩埋。

（1）将废旧纺织品中热值较高的化学纤维通过焚烧方式转化为热量用于火力发电，对于那些不能再循环利用的废旧纺织品来说比较适合，但焚烧过程中会释放出有毒物质，造成环境污染。

（2）废旧纺织品中以涤纶、腈纶和丙纶为代表的合成纤维的分解过程十分缓慢，掩埋在土壤中既会危害植物的生长，又浪费了材料。

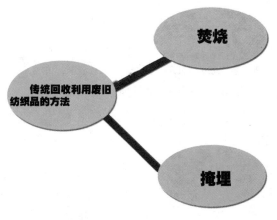

焚烧

传统回收利用废旧
纺织品的方法

掩埋

那有什么好的回收利用方法吗？

有，可以通过化学降解回收法、化学改性法、物理重组法，重新加以利用。

（1）化学降解回收法

化学降解回收法是在高温下，将废旧纺织品中的高分子聚合物解聚，得到单体或低聚物，然后再利用这些单体重新制造出新的化学纤维。对于通过缩聚反应合成的高分子聚合物，如涤纶纤维和锦纶纤维，在降解过程中要添加解聚剂。而烯烃类聚合物，如聚乙烯、聚丙烯、聚苯乙烯等，则需要在还原性气体氛围下进行降解。

目前，该方法在一些价值较高的化学高分子材料的回收再利用中已实现了规模化生产。

（2）化学改性法

废旧纺织品除了产品结构和性能不能满足实际使用要求外，纤维原料的高分子结构和性能没有发生根本的变化。因此，可以通过化学改性的方法实现废旧纺织品的回收利用。例如，将在燃烧中会产生氰化物的废旧腈纶纤维通过水解后，可由易起静电材料变为吸水性材料。废旧腈纶纤维水解产物应用范围很广，可用作黏合剂、印染助剂、土壤改良剂和吸水材料、油田用泥浆处理剂、聚合物阻垢剂等，近年来又应用于制备离子纤维及新型功能材料等领域。

（3）物理重组法

废旧纺织中除了少量纤维磨损、断裂外，大多数纤维还保持良好的性能，所以可采用非织造成形技术对废旧纤维回收利用。具体是通过剪切和撕裂等机械处理，可以把针织物和机织物从织物变成短纤维，然后经过机械梳理或气流成网的方法成形为纤维网，再采用针刺、热轧或水刺等方法加固，就可以成为具有吸声、隔声、隔热、保暖等功能的非织造材料，用作充填物、汽车吸声材料及地毯、土工材料、建筑材料，例如，绝缘板、屋顶油毡以及低档次的毛毯。也可以通过与树脂浸渍成为板材，用作家庭装饰材料、汽车门板和车身挡板等。

非织造技术在废旧纤维回收利用方面具有广阔的应用发展前景。世界上最大的非织造布卷材生产商德国科得宝公司（Freudenberg）早在20世纪90年代后期就开始回收利用涤纶加工非织造布，产品由最初5%～10%的废旧涤纶纤维添加比例变为100%废旧涤纶纤维厚型非织造布。

德国科得宝公司（Freudenberg）

5. 废电池的回收利用技术

目前，包括废旧电池在内的工业废弃物的再生利用已经引起世界许多国家的重视，但是由于缺少科学、成熟、经济的处理方法，回收成本较高，没有形成一套完整的回收、生产工艺。

下面提供一种废电池资源化利用工艺及其产品和应用的技术方法。

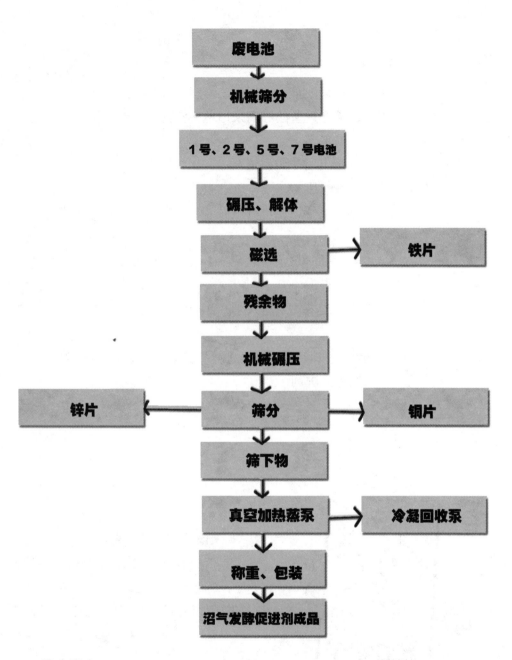

废电池
↓
机械筛分
↓
1号、2号、5号、7号电池
↓
碾压、解体
↓
磁选 → 铁片
↓
残余物
↓
机械碾压
↓
锌片 ← 筛分 → 铜片
↓
筛下物
↓
真空加热蒸泵 → 冷凝回收泵
↓
称重、包装
↓
沼气发酵促进剂成品

操作顺序：

（1）将收集到的电池通过机械筛分分为 1 号、2 号、5 号、7 号电池。

（2）根据电池的大小，调节破碎辊（破碎壁）的间距，将废电池进行机械剥分。

（3）将剥分后的电池，通过皮带输送设备，运送到轮辗机进行辗压；输送设备的滚筒采用电磁滚筒，通过磁选的方法将铁片分离出来。

（4）经磁选出铁片的残渣，运送到轮辗机处进一步进行辗压，使锌片、铜片、废纸与残渣分离。

（5）经辗压的残渣，进行机械筛分，将锌片、铜片、废纸分选出来。

（6）经辗压筛分后余下的残渣，使用真空加热炉将废电池中的汞蒸发出来。

（7）将蒸发出来的汞送入汞冷凝装置冷凝回收，得到金属汞。

（8）将经过真空加热汞处理后的残渣，称量装袋，即为产品"沼气发酵促进剂"。

该技术方法主要能避免废旧电池对环境造成的污染，最终可产生废铁片、废锌片、废铜片、汞以及"沼气发酵促进剂"，最大化地利用了废物。

6. 电子废弃物的回收利用

电子废弃物包括废旧电脑、通信设备、家用电器以及被淘汰的各种电子仪器仪表等。

电子废弃物中富含铜、汞、铅、镉、金等贵金属，可资源化程度较高，它的再循环利用有着较高的经济效益和环境效益，因此在美国、欧盟和日本等电子产业发达的国家和地区，加快发展循环经济，促进电子废弃物的资源化成为实现可持续发展战略的重要选择之一。

（1）电子废弃物的机械处理方法

机械处理方法是根据材料物理性质的不同进行分选的手段，主要利用拆卸、破碎、分选等方法。但是处理后的物质必须经过冶炼、填埋或焚烧等后续处理。

（2）电路板回收技术

电路板回收利用基本分为电子元器件的再利用和金属、塑料等组分的分选回收。瑞典 SRAB 是世界上最大的回收公司，一直致力于实施和开发电子废弃物的机械处理技术和设备，该公司电子废弃物处理的基本流程如下图所示，涵盖了电路板机械处理的基本方法。

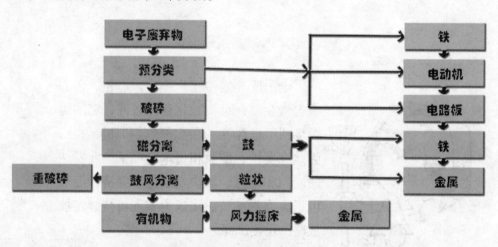

电子废弃物处理的基本流程(SRAB.瑞典)

（3）计算机元器件的再利用与回收

旧的计算机虽然在技术上已经过时，但是其中的一些电子元件可以回收利用，不能再使用的元器件可以进行材料回收。

（4）电子废弃物的热处理技术

电子废弃物种类繁多，组成复杂，各种聚合物、金属、无机惰性填料或增强材料往往黏合混杂在一起，使其回收过程的分离变得异常困难。采用热处理技术将聚合物降解或将金属熔融的方式，可以比较容易地从中回收能源和有用成分，从而避免了复杂而昂贵的分离分类过程。此外，热处理技术在减容减量、处理规模和效率方面也是其他回收技术无法比拟的。因此，开发适合于 WEEE（废电子电器设备指令）的焚烧、热解、熔炼等热处理回收技术，已经成为当前电子废弃物利用研究领域的一个重要方向。

7. 废旧橡胶的回收利用

　　废旧橡胶主要来源为废旧橡胶制品及橡胶制品生产过程中的边角料。随着我国汽车拥有量的增加，废旧橡胶的产生量不断增加。

　　废旧橡胶的回收利用有直接利用和间接利用两种方式，间接利用又包括胶粉、再生胶、热分解和燃料利用等几种方式。

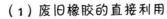

（1）废旧橡胶的直接利用

直接利用是将废旧橡胶制品以原有形状或近似原形加以利用，以废旧轮胎为例，轮胎翻修便是其直接利用中最有效、最直接而且经济的利用方式。此外，废旧轮胎还可作为人工鱼礁、码头护舷以及车辆等的缓冲材料。

（2）废旧橡胶的间接利用

间接利用是将废旧橡胶通过物理或化学方法加工制成一系列产品加以利用，主要有生产胶粉、再生橡胶、热分解回收化学品等方式。

①生产胶粉。通过机械方式将废旧轮胎粉碎后得到的粉末状物质就是胶粉，其生产工艺有常温粉碎法、低温冷冻粉碎法、水冲击法等。

胶粉有许多重要用途，例如，掺入胶料中可代替部分生胶，降低产品成本；活化胶粉或改性胶粉可用来制造各种橡胶制品（汽车轮胎、汽车配件、运输带、挡泥板、鞋底和鞋芯等）；与沥青或水泥混合，用于公路建设和房屋建筑；与塑料并用可制作防水卷材、农用节水渗灌管、消音板和地板、包装材料、浴缸、水箱等。

②再生橡胶。再生橡胶是指把硫化过程中形成的交联键切断，但仍保留其原有成分的橡胶。用传统方法生产的再生胶存在着生产能耗大、"三废"治理难等缺点，无法适应环境提出的要求。为此，世界各国着手开发了如微波脱硫、生物脱硫等新型工艺，这些新方法很有可能成为再生胶生产技术的转折点。

③热分解。主要指废旧轮胎的热分解，通过热分解可以回收液体燃料和化学品（炭黑）。废旧轮胎的热分解主要包括热解和催化降解。已有的热解技术主要包括常压惰性气体热解、真空热解和熔融盐热解，但无论采用哪种方法，都存在处理温度高、加热时间长、产品杂质多等缺陷。

热分解

上面几种方式中，生产胶粉还是比较可靠的。

嗯，现在废旧橡胶普遍应用于此。

8. 废润滑油的再生和利用

废润滑油并非真的"报废"不能再使用了，而是由于部分变质或混入其他杂质，从而影响其润滑性能。

废润滑油再生是指去掉润滑油中的杂质，使其恢复润滑性能。

废润滑油再生利用方法如下。

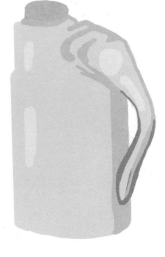

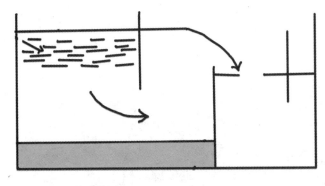

（1）沉淀法

该法是利用液体中固体颗粒下降的原理，将废润滑油置于桶内静置一段时间，待杂质和水沉淀后，再将上面较清洁的润滑油过滤到一个干净的容器内。这种方法需要较长时间。

为了提高沉淀速度，可以对废润滑油进行加热，以促进其沉淀。即用小桶盛废润滑油，大桶盛水，将小桶放置于大桶水中，并在大桶下加热，控制小桶内废润滑油的温度在 70 ~ 85℃，且保持在 12 小时左右，然后再将小桶取出，静置 48 小时以上，即可将上面润滑油滤出使用。

（2）过滤法

它是用滤网滤去废润滑油中的杂质。具体方法是：先将废润滑油加热到 80～90℃，然后根据废润滑油所含杂质颗粒的大小选用滤网进行过滤处理。过滤时，可提高油位的高度，以增加压力；压力越大，过滤速度越快。

9. 稻壳巧妙再利用

作为谷物加工的主要副产品之一，稻壳是一种量大面广价廉的可再生资源。稻壳表面坚硬，硅含量较高，不易被细菌分解，且堆积密度小，废弃则破坏环境。

看来如何有效利用稻壳还真是个问题。

是啊，稻壳利用好了能节省很多资源。

稻壳的开发能在农业、化工、食品工业、废物处理等方面产生较好的社会效益和经济效益。

（1）稻壳在农业中的应用

①做粗饲料。经过膨化处理的稻壳，粗纤维下降，粗脂肪、粗蛋白、灰分、含氮量均有所增加，畜禽喜欢吃且容易吸收，混合其他饲料使用，效果很好。

②做优质肥料。经过膨化的稻壳，掺入 1% 尿素、少量石灰水，在露天发酵到颜色变黑，就变成具有良好的保水性、保肥性和孔隙性的肥料，可促进土壤形成团粒结构，促进水稻根系发育，增加产量。

③杀虫剂。稻壳灰分中含有大量二氧化硅，能腐蚀昆虫胸部的蜡质表层，从而打乱昆虫正常的新陈代谢，导致死亡。

④做食用菌的培养基。用膨化的稻壳做培养基，其吸水率高，可使营养成分充分析出并被菌种吸收。既能提高产量又能缩短生产周期。

⑤制酵母。以稻壳为原料制造酵母，主要是将稻壳中的多糖经水解所得单糖，通过发酵制造酵母，酵母增殖力强，产量高，营养丰富，制造工艺简单，是一种非常有前途的产品。

农业

化工

稻壳的开发

废物处理

食品工业

（2）稻壳在化工中的应用

因为稻壳中含有大量的二氧化硅，所以被广泛地用于提取各种化工原料。如二氧化硅、硅胶、活性炭、水玻璃等，这些物质都是重要的化工原料。另外，稻壳还能提出甲醇、石蜡、柏油、酒精、清洁剂、爽身粉等众多化工原料。

（3）稻壳用于能源

①稻壳煤气发电。它是利用稻壳煤气发生炉产生煤气，通过煤气的燃烧来驱动煤气发动机，从而驱动发电机发电产生电能。

②固形燃料是稻壳经螺旋饼拼压成形机高温、高压挤压而成的棒状（或空心管状）燃料。可以用于锅炉、窑炉，也可供家庭使用。

稻壳

（4）稻壳用于建材

稻壳在建材中使用范围比较广，可以用于制取强酸性黑色水泥、稻壳灰无熟料水泥、稻壳灰水泥、免烧砖、纤维板、轻质隔热制品等。

10. 秸秆如何变废为宝

对农民来说，处理秸秆最简单、最经济的方法就是露天焚烧，但由此却会引起大面积空气污染。

实际上，秸秆的用途非常广泛，可以用作肥料、动物饲料、工业原料，还能作为能源使用。下面就来详细介绍下。

（1）用作动物饲料

作物秸秆利用秸秆颗粒机处理后，粗蛋白由3%～4%提高到8%左右，有机物的消化率提高10～20个百分点，并含有多种氨基酸，能代替30%～40%的精饲料。还可杀死野草籽，防止霉变。因此，氨化秸秆喂羊、牛等效果很好。秸秆也可粉碎成草糠，作为动物辅助饲料。

（2）用作肥料

秸秆覆盖还田后，能够增强保水能力，改良保护土壤，抑制杂草生长，提高土壤养分含量，调节地温。

（3）用作工业原料

秸秆可以作为工业原料。例如，它能用于制作装饰板材和一次成型家具，具有强度高、耐腐蚀、防火阻燃、美观大方及价格低廉等特点。

（4）作为能源

秸秆能源技术包括秸秆气化制气、秸秆压块成型制炭、生活燃料等形式。其中，秸秆气化是以农作物秸秆为原料，在缺氧状态下加热反应而实现能量转换，使秸秆中的碳、氢、氧等元素变成一氧化碳、氢气、甲烷等可燃性气体，并去除焦油、灰分等杂质，由此，秸秆中的大部分能量都转移到气体中，可燃气体燃烧时能量释放出来，成为可直接供生活和工业生产用的优质能源。

11. 甘蔗渣化身环保材料

由于转化利用技术手段落后，传统上甘蔗渣经常被废弃不用或者多数只用作燃料，其利用率很低，不仅造成了资源的浪费，而且还带来了环境的污染。

（1）用于造纸

甘蔗渣是一种良好的制浆造纸原料，可以利用甘蔗渣漂白化学浆掺配一定数量的长纤维制造各种高档文化和生活用纸，如双胶纸、书写纸、包装纸、涂布纸、高级卫生纸等。

（2）用于制板材料

　　甘蔗渣的化学成分与木材相似，是很好的制板材料。由于蔗渣密度小，纤维质量好，制成的板材强度高，重量轻，吸水膨胀率低，属中密度碎粒板，其表面平滑，色泽美观，尺寸稳定性好，有良好的机械加工性能和装饰性能。蔗渣刨花板还具有甲醛含量低、表面光滑、色泽光亮等特点，可广泛应用于建筑、室内装修、家具制造、音板等行业，是二次加工的理想基材，在较宽泛的领域内可替代木材。

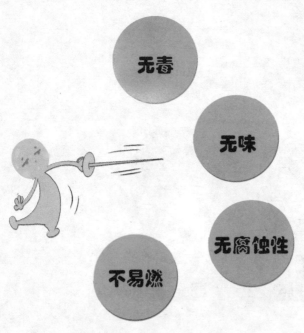

（3）用作水泥助磨剂

　　甘蔗渣用作水泥助磨剂，具有无毒、无味、无腐蚀性、不易燃等特点，有益于水泥企业的无污染生产。

（4）用作生产有机化肥

　　甘蔗汁在发酵过程中产生的大量残渣和高浓度钾，通过排水系统渗入地下，有利于改良土壤，避免了使用化肥给土地带来的伤害。

（5）其他用途

　　除了上面介绍的用途之外，甘蔗渣还可用作燃料，制造木糖醇、膳食纤维、纤维板、饲料等。

12. 地沟油如何变废为宝

大家对于地沟油并不陌生，网上经常报道不法分子对其进行加工，然后就变成了餐桌上的"食用油"。如何杜绝回流餐桌这一现象呢？最好的解决方式就是对其进行循环再利用，真正实现变废为宝。

（1）地沟油变身生物柴油

将地沟油加入反应罐后，通过一种微酸性催化剂技术，使得其醇解和酯化可同时进行，反应速度也明显加快。另外，通过一种金属盐处理剂，解决了利用废旧动植物油脂生产柴油残留酸值高的关键问题。生物柴油的生产成本可以通过这两项技术得到极大的降低，同时也让生物柴油不再局限于实验室中，开始在生产车间中广泛应用。这种燃料最大的特点就是具有良好的环保性，减少对环境造成的污染。

（2）地沟油变身航空油

从2011年开始，荷兰SkyNRG公司就采用了地沟油加氢技术。说起来这一技术并不复杂。

①把所收集的饭店餐馆废弃物，通过加热方式，把集中的菜叶、食物残渣等杂物去掉。继之在加热的情况下把油和水分离。

②运用无机硅藻土、分子筛等吸附剂，将油中的胶质去掉，使暗棕色的油体可变成较为清澈的液体。然后加入甘油，让它变成较为纯净的甘油酯。

③将甘油酯进一步酯化反应，该步骤中需要加入甲醇或乙醇等添加剂，并在70℃的催化环境下，使甘油酯变为甲酯。

④采用蒸馏法除去多余的甲醇、乙醇催化剂等，再加入适量的稳定剂，便可制成合格的生物柴油。

需要注意的是，生物柴油并不能直接用作航空燃料，还应进一步炼制。

真的很神奇，地沟油还能用作飞机燃料！

是啊，希望地沟油也早日变废为宝，不再危害我们的饮食健康。

13. 6种蔬果皮的妙用

梨皮、苹果皮、香蕉皮、橘子皮、柚子皮、土豆皮……这些厨余垃圾大家可能都随手丢弃了吧！下面教大家几招蔬果皮的环保利用方法。

梨皮　苹果皮　梨皮　土豆皮　香蕉皮　环保利用　柚子皮　橘子皮

（1）梨皮清除铁锅油污

家里的锅具用久了会积存油渍和污垢，用钢丝球使劲刷擦对锅有伤害。我们可以把吃剩的梨皮放入锅中，加水没过梨皮煮上一会儿，顽固的油渍和污垢就很容易被清洗干净了。

（2）苹果皮急救熊猫眼

熬夜加班，第二天起床变熊猫眼怎么办？拿一只苹果，削下苹果皮后贴在熊猫眼处敷上5分钟，如此就可以消除水肿，减轻熬夜后的黑眼圈了。不过苹果皮只能用来救急，想要彻底消灭熊猫眼还是要按时睡觉哦！

（3）香蕉皮擦皮鞋光洁如新

吃完香蕉的香蕉皮可不要马上扔掉，用它来擦掉皮鞋上的污垢，再用干布擦一遍，皮鞋就光亮如新啦！

（4）橘子皮能清肺化痰

将橘皮洗净后置于白酒中，浸泡20多天，即可饮用，其味醇厚爽口，且有清肺化痰的作用。

（5）柚子皮祛除异味

柚子皮散发着浓浓的香味，这是因为柚子皮中含有天然的芳香物质，把它放在房间里可以代替空气清新剂祛除房间里的异味，而且满屋子都会散发着淡淡的柚子香气哦。

（6）土豆皮清除茶垢

喝茶的人都头痛杯子里的茶垢如何清理？其实不用反复洗刷，只要将几片土豆皮放在有茶垢的茶杯中，倒入开水焖泡5分钟，最后倒出土豆皮，茶垢就很容易被清除了。

14. 过期化妆品的妙用

日常生活中，我们总会有几件过期化妆品，扔掉很可惜，继续用又怕伤害皮肤。如果化妆品的质地没有变化、颜色没有改变，也没有难闻的气味，就可以再利用。

（1）化妆水

爽肤的化妆水含酒精，可以用来清洁镜子、梳妆台、餐桌、瓷砖、抽油烟机等；保湿的可以用来保养皮鞋、皮包、皮沙发等。

（2）乳液

营养指甲、护发。用小块化妆棉蘸满乳液，包裹在指甲上，15 分钟后取下，可促进指甲生长与亮泽；洗发后将乳液抹在发梢上，可防分叉、柔软头发。

（3）面霜

除了擦手、擦脚外，涂在发梢上可代替护发素；用来护理皮具效果也非常好。将过期面霜涂在皮钱包、皮手包、皮鞋、皮沙发上，有保养皮革的作用，而且适用于各种颜色的皮制品。需要注意的是，不要用有增白功效的面霜。

（4）粉底、散粉

用一个精致的布袋把它们装起来，放在衣柜里或是鞋子里，可以去潮气；地毯上洒了水、油、果汁之类的，可以先用这个散粉包压一下就好处理了。

（5）洗面奶

可以用来洗手、洗脚，做剃须膏，或者当清洁剂刷洗衣领、衣袖、旅游鞋等。

（6）洗发水

可以作为羊毛制品清洗剂、衣领净用。因为洗发水中含有毛发柔顺剂，可使毛衣等羊毛制品柔软清香；还可以清洗衣领、帽子、枕巾等与头发密切接触的衣物。

（7）香水

喷在洗手间、房间、汽车里充当清新剂，或者为洗完的衣服增加香气；喷在化妆棉上用于擦拭可去除胶带留下来的痕迹；用来擦拭灯具，既能去污，通过灯具发热助香气散发，又有香薰之效。

（8）口红

可以擦拭银首饰，或者修复皮具。将口红涂在餐巾纸上，反复擦拭银器或首饰变黑的地方，就焕然一新了；皮具磨损后露出白色的皮茬口，抹上相同颜色的口红，再涂上一层蛋清就可以了。

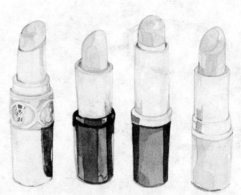

第四章
废旧物改造，小物件大变身

1. 废纸板巧变鞋柜

家里有很多废纸板、纸箱，非常占用空间，直接扔了还比较可惜。下面就为大家介绍一种实用的废纸板变身方法。

（1）材料及工具

纸箱、剪刀、砂纸。

（2）方法

①首先做一个柜框，剪成如右图样式。

②然后上漆，或者用彩色广告不干胶粘贴装饰也可以。

③把三边粘合，如右图所示。

④然后准备一块顶盖，大小同底部。

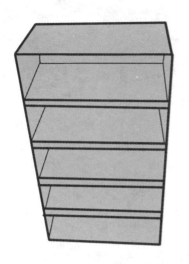

⑤用同样方法做几个叠上，鞋柜的大体形状已经出来了，如左图所示。

⑥外层用板加固，参看下图。

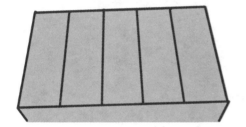 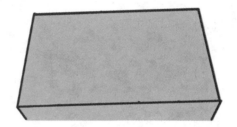

⑦边缘用砂纸打磨光滑。

⑧最后贴上外层，再用纸装饰一下，废纸板变鞋柜的制作完工，你也可以试试！

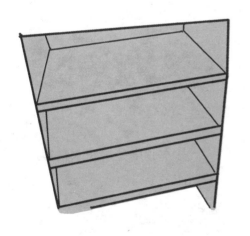 

2. 旧报纸编织花瓶

（1）材料及工具

旧报纸、刀片、胶水、铁丝。

（2）方法

①把一份报纸横向分成4份，从一侧斜向卷起，保持粗细均匀。

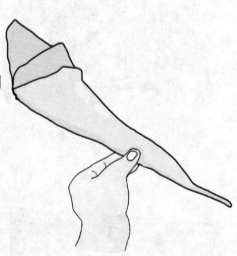

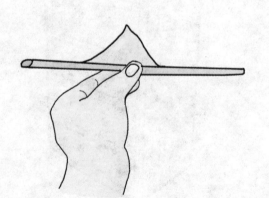

②在收尾处用胶水粘牢。接着制作多个同样纸卷。

③把7个纸卷中心穿入铁丝（其中1只穿半根铁丝即可），十字交叉定位，从半根铁丝的纸卷开始绕编。

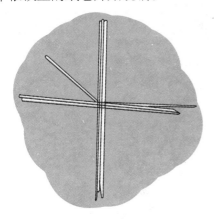

④编4周后将纸卷均匀分开，继续编，共编13支主枝。上下交替围绕编织，当容器的底部直径完成后即可把主枝竖起。如右图所示。

⑤根据自己的喜好把主枝调整好形状。如下图所示。

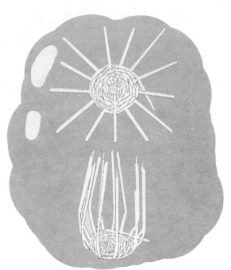

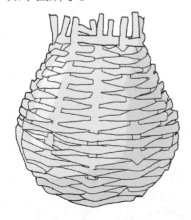

⑥把多余的主枝剪掉，主枝头上一里一外地夹紧收边，就完成了。如右图所示。

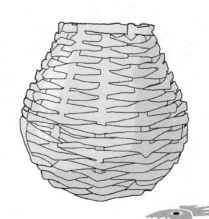

3. 最美的创意门帘

用废包装纸和回形针制作的门帘曾经风靡一时，这真的是很好的一个环保方法，又不失时尚，这里我们将制作方法介绍如下。

（1）材料及工具

普通的纸盒子，不要太硬和太厚；塑料纸，塑料纸最好选择摸起来硬一些的，不要太柔软了；回形针；剪刀。

（2）方法

①用剪刀把盒子剪成小条状，每一个小条的长要比四个回形针宽稍微宽点，大约4.5厘米，宽比一个回形针的长稍微短些，如下图，塑料纸的大小则为小纸条的2.2倍左右，要求不是很严格。

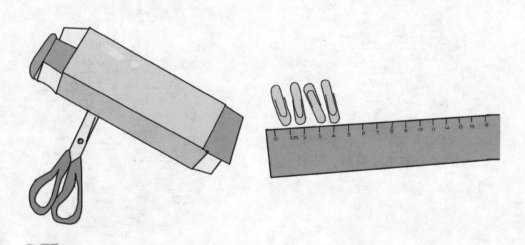

②把小纸条对折两下，对折方法如下。

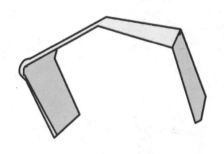 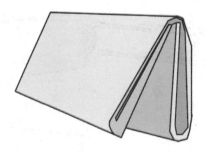

③然后把小纸条打开，用塑料纸包住小纸条再按原来折痕对折。

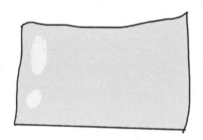 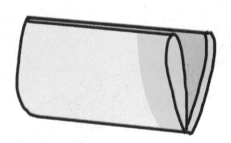

④插入回形针，如下图所示。

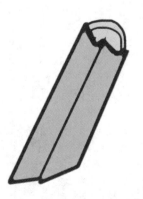 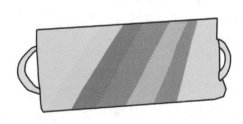

⑤再插入一枚回形针，以同样的方法折第二个小纸条。

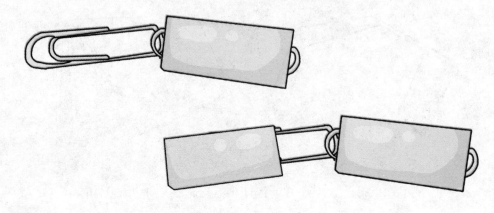

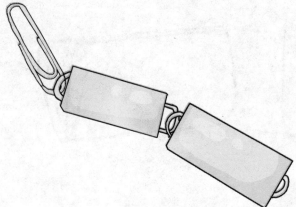

⑥重复上面的步骤，大概50个就能成为门帘的一条，也可以随意。如左图所示。

⑦门帘全部串好了，是不是很美啊？！

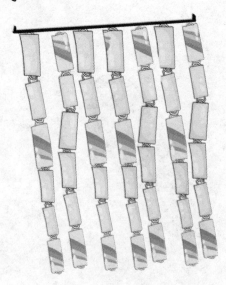

4. 废酒瓶变身时尚台灯

（1）材料及工具

废弃的空酒瓶；过时的宣传单；从报废灯具上拆下来的灯头；从报废灯具上拆下来的电源线，带中途开关；铁丝；海边捡来的小鹅卵石、沙子、贝壳、海螺等。

（2）方法

①拿出家里的空酒瓶，剪裁好宣传单。

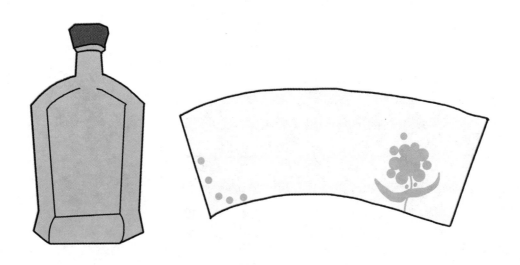

②用灯头座、铁丝等把灯头座固定好，用钉书器或强力胶将灯罩安装好，开关接到电线上。

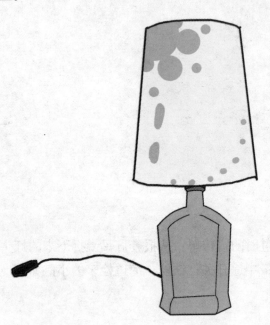

③把小鹅卵石、沙子、贝壳等放入瓶内，增加灯底部重量的同时，兼具美观性，时尚台灯做好了。

5. 饮料瓶做抽纸盒

家里的卫生纸又不见了？快来做个抽纸盒吧！用个饮料瓶就能做一个，环保又省钱！

（1）材料及工具

卫生纸、塑料瓶、剪刀。

（2）方法

①切瓶子。找一个2升的大饮料瓶，然后根据纸巾的大小，切去瓶子的中间部分，然后把瓶底和瓶子上部组合在一起。

②抽掉卫生纸中的筒芯。

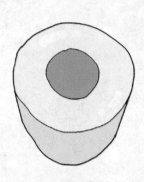

图 1

图 2

图 3

③把卫生纸放到瓶子里，如右图所示，完成！

6. 卫生纸筒芯做笔筒

卫生纸筒芯很多时候用完基本也就扔掉了，下面来介绍一个用卫生纸筒芯做笔筒的方法。

（1）材料及工具

卫生纸筒芯、纸板、铅笔、胶水、剪刀。

（2）方法

①先将废卫生纸筒芯用胶水粘在一起。

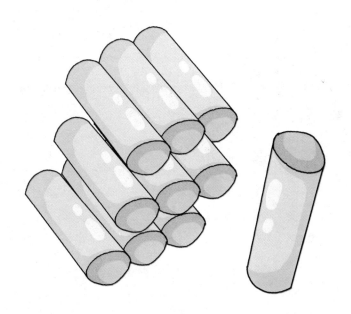

②利用已粘好的筒芯在硬纸板上画出所需的底板。

③用胶水将它们粘牢。

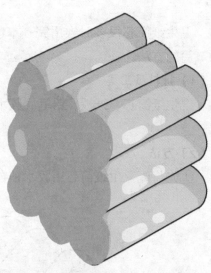

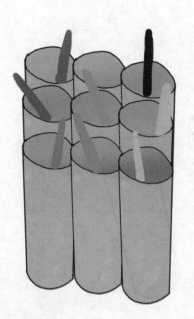

④根据自己的喜好涂色或贴纸来装饰，一个漂亮的笔筒就做好了。

7. 易拉罐做烟灰缸

平时生活中废弃的易拉罐扔了比较可惜，下面教大家如何用易拉罐做烟灰缸。

（1）材料及工具

易拉罐、剪刀。

（2）方法

①先将易拉罐的顶盖轻轻剪开，以做备用，记住切口要整齐。

②用一支笔在易拉罐表面上画一个圈作记号，以6为一个单位（也可以8为单位），将易拉罐剪成60个小铝条（即为10个单位），长度约为4厘米，也可增减一个单位，按着自己合适的姿势剪，剪至达记号止。

③将6条铝条向下压，左3条向右扭一扭，右3条向左扭一扭。

④将6条铝条像篮子样编织。

⑤编织完后将铝条的尾端向后折。

⑥最后编织花边，完成为右图所示。

⑦将顶盖盖上做烟灰缸使用，烟头放满了打开倒掉，再盖上顶盖即可。

注意：在编织花边的时候必须小心，因为易拉罐剪开后是非常锋利的。

8. 奶粉罐变身墙壁收纳

家里的奶粉罐攒了一大堆,没有地方放,怎么办?下面就来教大家奶粉罐变身墙壁收纳的制作方法。

(1)材料及工具

奶粉罐、木板、卷尺、螺丝钉、手电钻。

(2)方法

①先用卷尺在木板上测量好距离。

②用手电钻在奶粉罐下面以三角形的位置打好孔。

③用螺丝钉固定在木板上面。

④依次全部固定完成。

⑤将固定有奶粉罐的木板钉在墙上。

⑥用奶粉罐做的墙壁收纳做好了，不错吧！

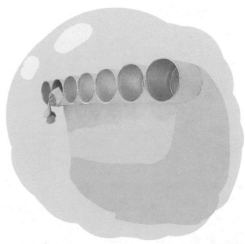

9. 雪糕棍做篮子

　　雪糕棍是夏天最常见的东西，吃完雪糕一扔，没人会注意。下面我们教大家用雪糕棍来做一个木制的篮子，既美观又实用，完全干燥后还很坚固。

（1）材料及工具

　　足够多的雪糕棍儿（洗净晾干）和木工乳胶（白色）。

（2）方法

　　①按右图方式摆放。

②两端涂上乳胶。

③在两端按下图粘接 3 根棍。

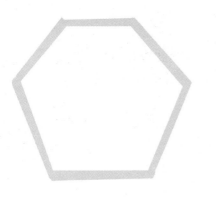

④上层的 3 根棍再涂上乳胶。

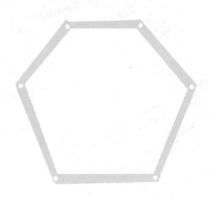

⑤后面的以此类推。

⑥高度由你收集的雪糕棍的棍数来决定。

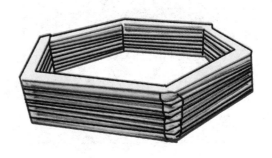

⑦现在开始收口，向内错开粘贴。

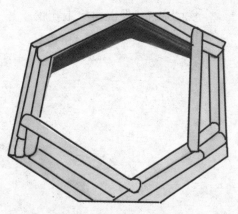

⑧逐渐向内收缩。

⑨收到图1这个程度就可以封底了，见图2。

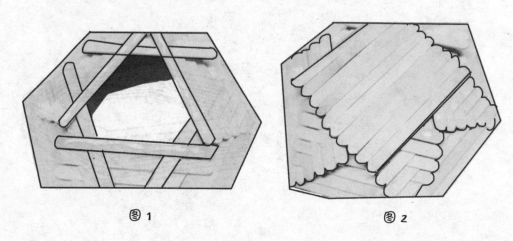

图 1

图 2

⑩晾干以后，一个质朴纯真的篮子就出现了。

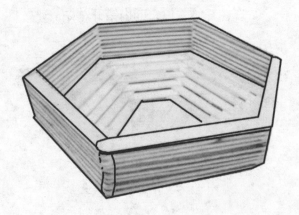

10. 自制个性相簿

（1）材料及工具

照相馆赠送的相薄3本、卡纸、布、棉布、缝线、双面胶，剪刀、熨斗、针线。

（2）方法

①准备3本4寸×6寸的相薄，剪掉第1本的封底、第2本的封面和封底以及第3本的封面。

②将3本相薄的侧面对准，用双面胶先固定住。封面、封底也粘贴双面胶。

③在卡纸上割出相薄封面、封底及书脊的各边尺寸，将步骤②粘贴在封面、封底的双面胶撕开，把卡纸粘在相薄外侧。

④把棉布剪成与相薄相同的尺寸，再挑一块布，四边的尺寸要比棉布各多出2厘米。

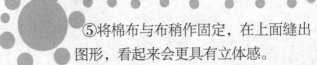

⑤将棉布与布稍作固定，在上面缝出图形，看起来会更具有立体感。

⑥将布包住封面后，多余的布往内折，缝折角。

⑦再挑一块颜色较深的布当内里，剪出封面、封底尺寸共两块，四周往内折约 0.8 厘米，并用熨斗烫平固定。

⑧将封面与封底的内布及外布的上、下与外侧边缘缝合即完成。

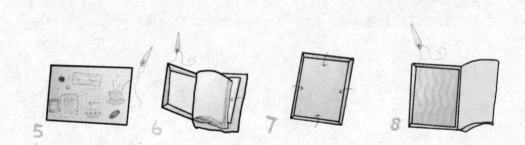

第五章
国外垃圾分类的经验分享

1. 美国居民如何进行垃圾分类

作为垃圾生产大国的美国，垃圾分类已经深入到公民的日常生活中，走在大街上，各式各样的分类垃圾桶随处可见。

政府为垃圾分类提供了各种便利的条件，除了在街道两旁设立分类垃圾桶以外，每个社区都定期派专人负责清运各户分类出的垃圾。

我们一起来看看美国居民是怎样扔垃圾的？以洛杉矶为例，垃圾分为三类：一类垃圾桶用来装可回收垃圾；一类桶用来装花园里锄下的草叶植物树枝；还有一类用来装普通生活垃圾。垃圾桶按颜色来区分垃圾的种类，桶盖子上也标示印有回收的品种。

居民家里的垃圾桶都比较大，如果社区规定每周五清早来车收垃圾，周四晚上大家会纷纷将垃圾桶推到路边，轱辘朝向路沿，开口朝路中摆放好。等到了周五的早晨，会有不同的垃圾车分两次驶进小区，将可回收物、不可回收物分别拉走。

美国的垃圾一周才回收一次，为了不让自家门口堆满垃圾，很多人就自觉少产生垃圾了。市民的消费行为又影响着厂家的生产包装，为了迎合消费者的习惯，美国的厂家在生产商品时会注意少用包装。

注意，生活垃圾扔的时候要有讲究：必须先用垃圾袋装好，扎紧袋口，防止残渣和剩水漏出产生不好的气味。可以回收利用的家庭垃圾，如废纸，玻璃瓶，塑料等全部放到同一个回收箱里。但是，瓶瓶罐罐必须是无害干净的，装有异物的瓶子不能放入。

对于一些环境污染特别大的电子废品，如电脑、电池、手机等，美国的一些商家会设有专门的回收箱。在商场里会向顾客提供回收计划，在顾客购物的时候顺便做回收，或者是做回收的时候顺便去购物，可以说做到了双赢。

家里的大型废品是需要专门处理的。例如，装修产生的大量废木板、石灰之类的垃圾不可以拉到路边等着垃圾车来收，就算垃圾车来了也不会拉走，随意放置路边还会遭到罚款。唯一的方法就是租用大型垃圾装卸卡车，租用公司会派出专人开着卡车来拉走这些建筑垃圾进行处理。

看来美国的垃圾回收和处理已经形成一套比较完整的体系了。

是啊，这些挺值得我们学习的。

2. 不容马虎的英国垃圾分类

英国垃圾分类在欧洲是非常严厉的，其严厉的程度几乎可以用"强制"和"罚款"两个词来概括！

英国垃圾分类

在英国，垃圾分类箱是每个家庭处理垃圾必备的工具。这些工具的用途各不相同。例如灰色的带有滚轮的垃圾桶用来存放不可回收的生活垃圾；褐色的则用来存放花园垃圾；黑色的垃圾盒用来放置废玻璃、罐头瓶以及保鲜纸等废物；橙色的垃圾袋用来装各种用过的塑料瓶；蓝色的垃圾盒、垃圾袋用于存放废纸和旧报刊以及硬纸板；白色的垃圾袋用来装旧衣服和纺织品；废旧电池、灯泡等物品则需要分别放进透明的塑料袋里，以便识别……

这个有点太过了，用不着这么严苛吧？！

在英国，垃圾分类可不是小事。

　　英国的垃圾分类处理是通过立法来完成的，虽然各地方政府制定的条款不尽相同，但基本上大同小异，都是非常严格的。如果不按规定处理垃圾，英国各地会动用警察来保障垃圾回收法规的实施。垃圾箱过满、垃圾掉出垃圾袋等问题都可能面临 100 英镑的罚款，而不缴纳罚款的居民将被法庭传唤，之后会被处以 1000 英镑的罚金。

　　目前，英国垃圾分类处理已经取得了很大的成效。例如，用生活垃圾制作的绿色堆肥供不应求；用废纸和其他纤维物质碎屑生产的不含硫和氮的高热量燃油，成本比目前世界品牌油还便宜；用已没有利用价值的垃圾经过焚烧发出的电送到了千家万户……

　　总的来说，英国的垃圾处理在立法与规章的保障下，在先进技术和设备的支撑下，无论是分流收集、回收再利用还是堆肥、填埋等处理技术都有了质的飞跃，这不仅归功于立法的严明，还离不开广大居民的遵守和配合。

3. 严格实行垃圾分类制度的日本

在垃圾分类方面，日本走在了世界的前列。日本的垃圾分类是从出生开始就学起的。在日本，如果有谁不严格地执行垃圾分类的话，将面临巨额的罚款。

在这里，垃圾分类的类别细化到你想象不到的程度，例如一个香烟盒，其间的纸盒、外包的塑料薄膜、封口处的那圈铝箔。这个香烟盒就要分三类：外包是塑料，盒子是纸，铝箔是金属。所以这个香烟盒就要分三类丢弃。

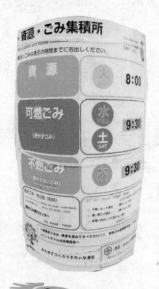

在日本，垃圾回收的时间是固定的，错过了就要等下一次。例如，厨余垃圾被叫做"生活垃圾"，因为它会腐败和产生味道，因此一周有两次回收的时间。每年12月，市民会收到一份年历，上面标有很多不同的颜色，这些颜色分别代表不同垃圾的回收时间。

同时日本有着良好的环保习惯，例如吃完饭后，有油的碟子要先用废报纸（日本的油墨是大豆做的）擦干净再拿去清洗，这样会减少洗涤剂的使用，并且不会让难分解的油污进入下水道。

对待厨房的废油，日本的主妇们会去超市购买一种凝固剂，凝固剂倒入废油，油就成为固体了，然后将固体的油用报纸包好，作为可燃垃圾处理掉。

下面一起来看看日本主要生活用品垃圾的处理方式吧！

（1）牛奶盒的处理

日本鲜奶多采用方形纸杯包装，这种纸杯所用的纸张因属于优质纸的缘故，有较高的回收率。包装上清楚地标示出一个喝光的奶杯的处理步骤：①洗净；②剪开；③晾干。

（2）饮料瓶的处理

左图是一个饮料瓶子，丢弃之前需要做好以下5个步骤：

①喝光或倒光；

②简单水洗；

③去掉瓶盖，撕掉标签；

④踩扁；

⑤根据各地的垃圾收集规定在"资源垃圾"日拿到指定地点，或者丢到商场或方便店设置的塑料瓶回收箱。

（3）其他废弃物的处理

丢弃的报纸会捆扎得整整齐齐；丢弃的废电器，电线会捆绑在电器上；可使用的自行车扔掉时上面会贴一张小纸条："我是不要的"；盛装液体的容器，是被清洗干净、控干后扔掉的；带刺或锋利的物品，要用纸包好再放到垃圾袋里；用过的喷雾器，一定要扎个孔，防止出现爆炸现象。

任何一个小商品，纸张和塑料都有分类处理的标识，也就是说，日本人在丢弃的时候必须分开丢弃。

日本的垃圾分类好严苛，不过确实值得我们效仿！

嗯，只有从源头抓起，才能真正地实现垃圾分类。

4. 德国的生活垃圾如何分类回收

在德国，每个家庭里都会摆上3个像右图所示的垃圾桶，政府会在每个城市指定一些公司负责处理垃圾。

在德国人的日常生活中，垃圾大致可以分为六类：生物垃圾、包装垃圾、废纸、废旧玻璃、大型垃圾和特殊垃圾。

生物垃圾
包装垃圾
废旧玻璃
垃圾
废纸
大型垃圾
特殊垃圾

（1）生物垃圾

一般是指剩饭剩菜、落叶、花等植物类的垃圾。他们一般会在厨房里放一个小的生物垃圾桶，把吃剩下的饭菜倒在里边，等满了之后倒在院子里大的生物垃圾桶中。

（2）包装垃圾

包装垃圾一般是指食物包装袋、生活用品像装洗衣液的瓶子、用过的洗面奶的空瓶子等。家庭里一般会在厨房和洗衣机旁边摆上盛包装袋的垃圾桶，他们每次购物回来都会先把东西拿到厨房，把包装袋都放到垃圾桶里之后再往冰箱或别的地方放该放的东西。

（3）废纸

过期的杂志和报纸、拆过的信件、包装用的纸盒都可以算在废纸垃圾中。德国人通常不会把废书废报纸留着，等攒到一定数量之后卖出去或者丢弃，而是在看完或者浏览完之后就直接扔进垃圾桶。

注意，这些东西不属于废旧纸：塑料铝箔、聚苯乙烯泡沫塑料、金属、玻璃、污染的纸（卫生纸、包装纸等）、羊皮纸文件、幻灯片、照片、精美的小册子、饮料纸盒、金属包装的文件等。

（4）废旧玻璃

废旧玻璃就是一些用过的瓶瓶罐罐，一般不会有专门的车开到家门口来清理，需要自己提着它们到固定的地方扔掉。

到达扔玻璃瓶的地方后，需要将这些废旧玻璃瓶按颜色分为三类：绿色瓶子、棕色瓶子和白色瓶子。扔的时候分开扔，一定不要把颜色弄错了。

需要特别注意的是：①玻璃瓶内一定要清理干净，不能有残余，盖、软木塞、瓶盖要分开处理；②瓷器、陶器、泥器、石器类近似玻璃类的器皿，不要和玻璃瓶扔到一起；③灯泡、灯管、金属类、扁平玻璃、玻璃门窗、汽车玻璃、镜子、防热防烫或添加有重金属的玻璃类，还有光学玻璃，都不要放到玻璃瓶类垃圾桶里。

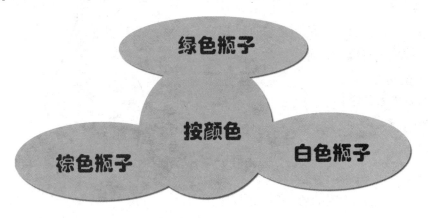

（5）大型垃圾

德国设有专门回收大件垃圾、废旧电器、建筑垃圾等垃圾的回收点，居民可以把这些垃圾送到回收点，或者请人来收取。

（6）特殊垃圾

包括电池、涂料、灯管、灯具、药品、化学药品、废油污、农药、废温度计、汽车保养喷雾罐、酸碱溶剂（松节油）等。

特殊垃圾必须提前通知垃圾回收部门，他们会告诉你什么时间可以扔，也会有人按约定时间和地点来回收。

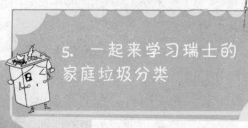

瑞士各州都有不同的垃圾处理的规定。一般家庭的垃圾有以下几种分类。

（1）塑料瓶

超市设有收集柜专门收集塑料瓶，它有两个收集洞口，分别收集装牛奶的不透明塑料瓶（或者桶）和透明的其他塑料瓶饮料瓶。

瑞士人在对这些塑料瓶做出处置之前都会将其清洗干净，能压扁的还要自己把它们压扁，然后才去扔掉。

（2）玻璃瓶

必须将用过的玻璃瓶冲洗干净，放在一起，积累多了以后，就带到超市去。超市有专门回收玻璃瓶的大柜，大柜有分别收集棕色瓶、绿色瓶和无色瓶的洞口，人们将玻璃瓶按照指定的洞口投入，就不会出现差错。

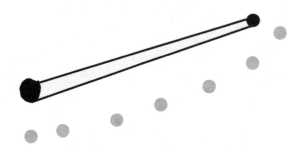

（3）灯管

瑞士将灯管分为 4 类，每一类都有相关的文字和图案说明，人们只需按照说明去做，就不会扔错。收集点一般设在超市，人们可以开车去超市，扔完垃圾即可继续购物，比较方便。

（4）电池

超市也设有专门收集电池的柜子。瑞士将电池分为酸性和碱性两种，也是分别收集。

（5）废纸

这类垃圾必须捆绑得整整齐齐，放在垃圾站里。

（6）绿色垃圾

主要指家庭产生的植物性垃圾，如择掉的菜叶、剥下来的果皮等，要用专门的绿色垃圾塑料袋来装这类垃圾，然后将其倒入垃圾站指定的绿色垃圾箱中。

（7）金属

大概有铁、铝等几类。家庭里金属类垃圾积累比较慢，存放数量有限。

（8）不可回收垃圾

主要指一些如骨头、食物残渣、碎纸片等家庭产生的其他常见无毒生物垃圾。这些垃圾要用专门的塑料袋来装，然后贴上交费标签，放到垃圾站。